林佳锦　编著

中国农业大学出版社

推荐序——王翎芳

一个品牌梦就这样实现了，这是两点之间最远距离却最迅速对位的实验。

虽然一开始我就在另一个时空摆上了下一摊，势必得赶赴，先行离去，带着我们的Beauty Game For Keiko以及《彩妆游戏》一书去赶市集、兜生意，但回顾这整件事，让我一方面好玩得要命，一方面又感动得要死，我一定要暂停行动先做记录。

有一天，杨姐带着 Beauty Game 来，六盒镶镜掌心包，里面是4只口红等，剂型全是膏状，杨姐说这是一种新型态的专利，就是将所有被膏状化的彩妆品装进一个可以被携带外出的镶镜小包里，称为掌心包。

Beauty Game 的 Logo 是一个半披长发的优雅女人脸，美得很实际，这是 Beauty Game For Keiko的原始姿态。

直接开案销售不是问题，但我有别的想法，也许请一位彩妆师进来，先改变一下Beauty Game的原始姿态，然后归零再看一次 Beauty Game 的新姿态。

所以我邀了Keiko。

Keiko在演艺界、广告圈很久了，是很知名的彩妆师，同游日本拍写真集时，霍建华直呼Keiko小名：哈比人。但霍建华只说对了一半，Keiko，其实是哈比小叮当，从我邀她加入这天开始，就开始失心疯，玩心一旦触动，从颜色、剂型、浓稠度、外包装一路上天下海地调整。

行销Beauty Game这件事因此走进羊肠小径，支离破碎了我要的速度。

我布了局，我当然知道Keiko会发疯，所以在改变第一阶段的内在个性及外在型态时，我一方面规划市场框架、一方面定下计时器、放任Keiko以哈比人无比小巧的体型、钻进小叮当的寻宝袋，变出between Beauty Game and Beauty Game 的第二代Beauty Game。

一只蝴蝶飞上掌心包成了第二代Logo突变种，掌心包从此被昵称为约会包、都会包、派对包，另外，被我框进市场框架的新品种——三色防水粉饼，都像一夜长大似的，打样——出来了！

那晚凌晨3点，我们3个女人在台北夜空下喝着软调饮料，微醺下赏玩着每一件打样，突然间我说了，“不要叫什么第二代了，就叫 Beauty Game For Keiko 吧！”杨姐你竟然愿意！！

至此不再是行销厂商的品牌，而是3个女人共同创造了一个 Beauty Game 的子品牌 Beauty Game For Keiko。

然而杨姐，我得赞扬你的风度与精准，在Keiko几次狂乱地破坏又创造的循环之下，你始终微笑屹立，并且，在我按下计时器那一刻，稳稳地接住了最后的创意，这一切，我只能说，算你狠！

酒酣耳热之际，3个女人正陶醉，我知道我们约好了，还要再把哈比小叮当Keiko送进寻宝袋，下一次要把蝴蝶Logo变老鹰Logo……我真的知道……

PS.感谢世炜真诚且直接的爱护。

柏妆行销整合股份有限公司　总经理　　王翎芳

王翎芳

推荐序——杨净雅

感谢许世炜的引荐，成就了3个各有所长的女人一起合作的缘份。

Beauty Game For Keiko 的概念，也是在圆自己的心愿。看到很多新一代的设计真是精彩，但除了样本，再也看不到商品在市面出现。因此我期望结合我家人精于开模生产，我长于外销业务的资源，协助更多有创意的年轻人上台面，如此才有机会将made in taiwan 定格在 good products 的评价里。而Keiko在讨论商品时的热情，翎芳对通路与产品风格掌握的精准，我确信这一次3个人以共生共荣的模式，各尽所长合作开发行销，绝对比单打独斗更有成就品牌的机会！

彩妆掌心包的概念源自一年三分之一在外差旅，每次打包瓶瓶罐罐实在不胜其烦，而公事包也不想因太多化妆品而占了体积、多了重量，因此构思如何精简实用化，做了手工样本，发现周围亲友都爱不释手，因而确定商品化的意图。

因个人多汗多油的肤质，眼线、睫毛膏、眼影上妆后，不知不觉晕开，开完会休息时，常发觉自己成了熊猫而窘得要命。而粉状蜜粉、腮红更是一擦汗就毁了形，我想很多人也有着同样的困扰，因此主打膏状彩妆品而又保湿、防水、易干、易卸、不易脱妆，成了最基本的要求。

Beauty Game希望消费者有方便使用的产品，能愉快玩着彩妆的游戏，让自己可以是能干的上班族，或轻松朝气的休闲……看着镜子，你会越爱自己，而这，正是快乐的基础。

希望我们的Beauty Game能促化每个人的Beauty Life！

Beauty Game董事长　　杨净雅

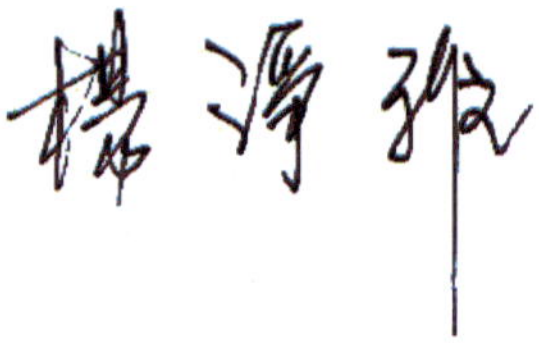

恭喜《彩妆游戏》终于诞生了！

想起Keiko和我初次共事，就是在我《ㄅㄆㄇ游日本》那本书，书里的所有造型为何会如此令人喜爱，完全都是因Keiko的功劳，我觉得都是因为她深厚的彩妆功力，才能造就出那样的杰作！

一直以来，Keiko给我的印象，就是豪爽的个性和流畅、有条理的日文沟通，不管在作活动、杂志、甚至金钟奖晚会等无数造型，我们都合作得非常愉快。Keiko总是从隔离霜开始，到之后的每一处环节，都特别细心，她懂得去了解每个人脸部的特性，以便找出最适合的彩妆，如何隐藏缺点，如何展现优点，在拍摄日之前，她会因应各种所需的形象，不断地学习、研究，做好准备工作，这样认真的敬业态度，真的令我既佩服又感动！

不仅于此，Keiko除了拥有在彩妆方面的专业，她还能作各种的整体造型，不论发型、服装……都很有创意，最让我惊讶的是，她可以自己设计服装，独自掌控一件衣服的完成。那年金钟奖我所穿的衣服，那套融合了日本和服与西式礼服概念的造型，也是由她所设计的，真的非常厉害！

这次在《彩妆游戏》出版前，我看到她拼命地写稿，认真地搜寻资料，包括到了拍摄现场，她专注于每个细节，Keiko的付出和努力的过程，是大家都有目共睹的！所以我相信这本书，一定会大卖！！

从今以后，Keiko，我们还要再一起做出更好的作品喔！一起努力吧！！

艺人好友　　麻衣

推荐序——霍建华

Keiko姐要出新书了，当她告诉我又有一本彩妆书要推出，并且找我写序，那当然是义不容辞的啰！

以往受到她许多照顾，加上一直在内地拍戏，没有太多机会碰面，刚好借由这篇序，好好地来聊聊！

记得上次合作，是拍完《风尘三侠之红拂女》，准备接下一档戏的时候，那时想找她帮我作个人造型，但她还有其他case，我心想，时间有冲突，可能合作不了了……但后来她告诉我，只要把故事大纲和剧本准备给她，其他问题让她来处理，叫我别担心……过了一星期，Keiko姐安排妥当后，就投入我们的工作，一起讨论整体造型和配色，之后所有细节都由她一手包办，忙了几周，完成造型后，她又当起空中飞人，一下日本、一下台湾，最后再回杭州剧组……当中有很多困难要解决，但她从未抱怨过一句，让我印象深刻，感动至今！

一年多没见，再听到Keiko姐的声音，依然元气十足！看过新书内容，只能说丰富、实用，整体感觉利落大方，特别是当我看到一个个保养及彩妆的步骤，便觉得能有像她这样专业、精明的彩妆师好友，实在太幸福了！从书中可以发现Keiko姐多年来累积的深厚功力，绝对不假、绝对值得人手一本！甚至所有男人，也可以仔细阅读，一来更能了解身边的女性，二来其实我们的保养同样不能少！

记得多年前某家银行信用卡主打的广告词是“认真的女人最美丽！”Keiko姐透过文字将自己的秘诀传授出来，不知大家准备好了没？和她一起成为认真、美丽的女人吧！！

艺人好友　霍建华

自序——KEIKO

我对于这本书十分慎重，一来由于时间压力，再者自己很看重这本书，所以各环节的规划和实践上，都希望能尽善尽美，使得制作过程中，其实是有苦有泪有笑，痛苦的当然是冗长的架构讨论里，大家可能会意见相左，但包括编辑、王总、美编等等，都与我反复讨论，修正到彼此认可的地步，实际拍摄时，摄影师也耐心配合着，以致过程中，虽有所抱怨、一度想放弃，但在大家的鼓励下，仍努力把工作完成，在此非常感谢每位参与者对我的协助。

另外，特别感谢杨姐，当完成书中的三种化妆包的设计、拍摄、生产，最快乐的应该是她跟王总和我。

因为从接触，到合作模式的建立、设计到完成，大约经过了两个月，Beauty Game For Keiko 像我们辛苦孕育的孩子，很开心她能顺利出生，漂亮成形，令我十分感动。

这组彩妆便利包，针对现代女性而设计，无论上班族或学生，一旦外出约会、晚宴、或特殊造型，都需要能随身携带的彩妆补充包，她们麻雀虽小五脏俱全，包含眼影、腮红、唇彩、睫毛膏、眼线液，精巧而实用，同时具有防水、保湿、易干、易卸、不易脱妆的功能，是符合现代生活形态的女性新产物；加上明艳的日系外观，让它们同时达到“实用”、“时尚”的目的。

这本书里，大家投入了很多心血，期待能得到大家的认同，并给我鼓励和指教，未来如果有下一本书，也希望大家能同样支持我，谢谢！

CONTENTS

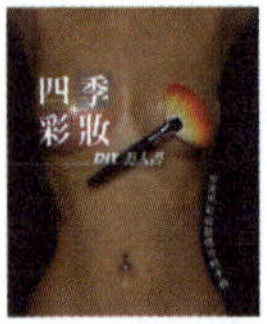

CONTENTS

KEIKO代表作品

清洁卸妆 01

LIVE ACTION

清洁卸妆工具

Stand By

深层卸妆油

洁面胶
抗敏洁面露
绿茶洗脸泡
酵素洗脸粉
CHANTAL CLAIRE
REFRESHING FACIAL CLEANSING GEL
e60ml 2.1FL.OZ
Lanace International
Lanace
Biomax-Factors
生物コンプレックス因子
A PATENT TECHNOLOGY
氨基酸脱敏潔面露
hKGF : human keratinocyte growth factor
hEGF : human epidermal growth factor
メイク落とし洗顔
心と体にやさしいうれしの茶エキスから
大人のニキビ 肌あれ 毛穴の目立つ肌に
つるつる卵肌
タンパク分解酵素配合
薬用酵素洗顔パウダー
CLEAR POWDER
OPEN

深层去角质乳液

深层去角质凝胶

Q10携带型面膜巾
蔓越莓面膜膏
巧克力唤白面膜
唇膜
樱花防细纹面膜
5分間の集中弾肌ケア
美容液
Q10たっぷりマスク
美容液Q10たっぷり
22枚
KOSE
CRANBERRY
【アルジレリン®配合】
はりとのびシート
hari & nobi sheets
～リラックスするひとときと美しい表情が、美しいお肌を保ちます～
5枚入
SANA
NOEVIR GROUP
ジェルシートでうるぷるリップ
Lip Pack
リップパック
～しっとり・うるおい成分配合～
マンゴーバター
ヒアルロン酸
セラミド
スウィートなマンゴーの香り

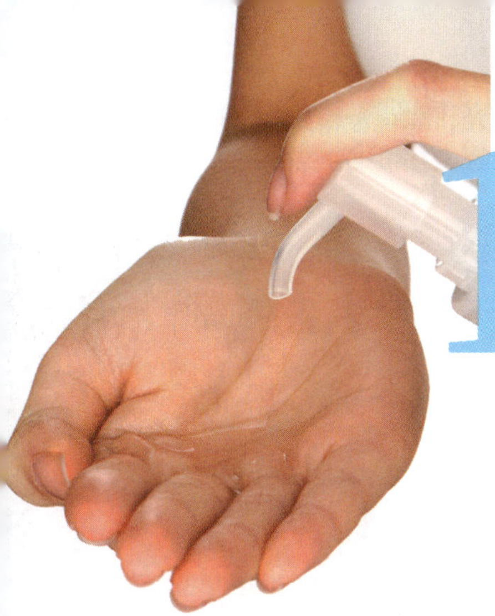

1

洗净手，将卸妆油（或卸妆乳、卸妆霜）适量倒至手中。

2

从额头开始用两手指腹以画圆方式，来回按摩两次，让妆容或污垢能更快速、彻底地溶解；两颊、下巴依同样方式，来回按摩 2 次。

3

鼻梁由上至下以小画圆方式，来回按摩 2 次。

4

将按摩过的部位用化妆棉按压、擦拭干净。

5

眼部卸妆，用化妆棉蘸取适量卸妆油，贴置于眼皮上约10秒，使眼妆渐渐溶解，可重复2～3次。

6

睫毛膏卸妆，眼睛睁开，用化妆棉蘸取适量卸妆油，由睫毛根部往尾部按压5秒，再以Z字形擦拭，重复2～3次。

7

防水眼线液较难清洁，可用棉花棒蘸取卸妆油，在画有眼线液部位来回按压、擦拭。

8

下眼线同步骤7，才不易伤到眼睛。

9

唇部卸妆，用化妆棉蘸取适量卸妆油，按压唇部，使唇彩先溶解，再来回擦拭干净。

Beauty Game Keiko
不易脱妆——让美丽也能坚固柔情
让你心爱的衣服
不再因蘸上的化妆痕迹
老是光顾干洗店
Beauty Game Keiko

Beauty Game Keiko
易卸——不留痕迹的彩妆游戏
素颜永远是最佳的保养
简单步骤轻松卸妆
让你也是素颜美人
Beauty Game Keiko

洗脸

WASH

1

洗净手，将洗面泡沫（洗面乳）
适量置于手中。

2

分别于额头 / 鼻头 /
两颊 / 下巴，先均匀
蘸取洗面泡沫。

3

用双手按摩全脸，使洗面泡沫真正将表
层污垢溶解、氧化。

4

鼻翼两侧较易被忽略，而加速生成粉刺或痘痘，所以要确实清洁。

5

用温水冲净 2～3 次。

去角质
EXFOLIATE

1

洗净手，将去角质产品挤至手中，约一元人民币硬币大小。

2

将美容巾蘸湿，蘸取去角质产品于各部位（除眼部）上按摩揉搓，将多余的老旧角质层去除；额头部位以画圆方式按摩。

3

脸部两侧由内向外按摩；太阳穴至下颚也以画圆方式按摩揉搓。

鼻翼两侧以上下按摩揉搓，来回 3 ~ 4 次即可。

4

5

唇部也会有角质层积存的现象，但因皮脂层薄，所以左右按摩来回 2 ~ 3 次即可；待全脸做完去角质步骤后，便用温水冲净。

6

唇部做完去角质后，应立即使用凡士林或滋润型护唇膏，令其滋润、锁水。

面膜 MASK

1

面膜敷于脸上的部位要确实，要选用与脸型接近的产品才不易失去功效，若无法完全服帖，可用双手按压，帮助肌肤快速吸收面膜里的精华养分（约15分钟）。

2

眼部细纹常因年龄、化妆、表情过多而生成，建议用透明胶质的眼膜，除了本身的养分滋润外，因拉力及黏性够，可将细纹抚平，使养分确实渗入肌肤中。

3

若是嘴唇容易干裂者，建议一周用2次保湿面膜来锁水，另外也可用滋润型护唇膏涂抹于唇部后，用面膜纸蘸取温水敷于唇部，10~15分钟。

妆前保养 02
LIVE ACTION

PRE—PRODUCTION

妆前保养工具 Stand By

抗皱眼霜
CAPTURE
R60/80™ YEUX
CRÈME CORRECTION RIDES
WRINKLE EYE CREME
Dior
Q10
Coenzyme
Q10保湿抗老眼霜

抗皱精华液
CAPTURE XR60/80™
EXTRA-SÉRUM RÉPARATEUR
EXTRA-VITAL RESTORING SERUM
Dior
携带型巧克力唤白精华液
美白精华液
DIORSNOW PURE
ESSENCE RÉNOVATRICE ULTRA ÉCLAIRCISSANTE
PERFECT WHITENING SKIN REPAIRING ESSENCE
Dior
HYDRA PREMIER
ESSENCE HYDRATANTE
PRIMER MOISTURE ESSENCE
SONIA RYKIEL
PARIS
Cocoa Polyphenols Whiteni
深层保湿精华液

全保湿乳液
hydro'pure
red earth
skin renewal cream
crème
抗皱乳液
CAPTURE
R60/80™
CRÈME CORRECTION RIDES
WRINKLE CREME
Dior

保湿隔离霜

美白隔离霜

深层防护隔离霜

化妆水

TONER

1

用化妆棉蘸取化妆水，记得要全部蘸湿，以免因摩擦使肌肤受伤。

2

用化妆棉按压各部位，来回 2 次（额头由内向外 / 两颊由内向外 / 下巴由下向上 / 鼻梁由上向下）。

3

眼部因皮脂层较薄，易出油，所以化妆水用量无需过多，将化妆水棉片按压于合起的眼皮，约１０秒。

4

按压完化妆水，等待稍干时，可用美容棒轻拍脸部，一方面可运动脸部肌肉，使其放松；一方面可使化妆水确实渗入肌肤里层。

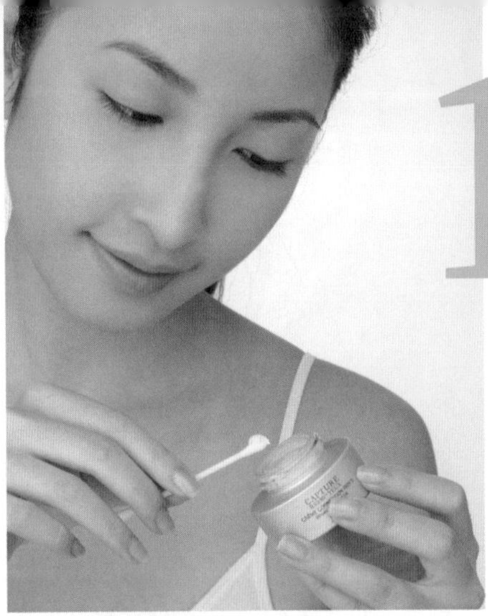

1

用棉花棒蘸取眼霜。

2

蘸取约两粒米的量，于无名指上（过量不易吸收，反而会阻塞毛孔）。

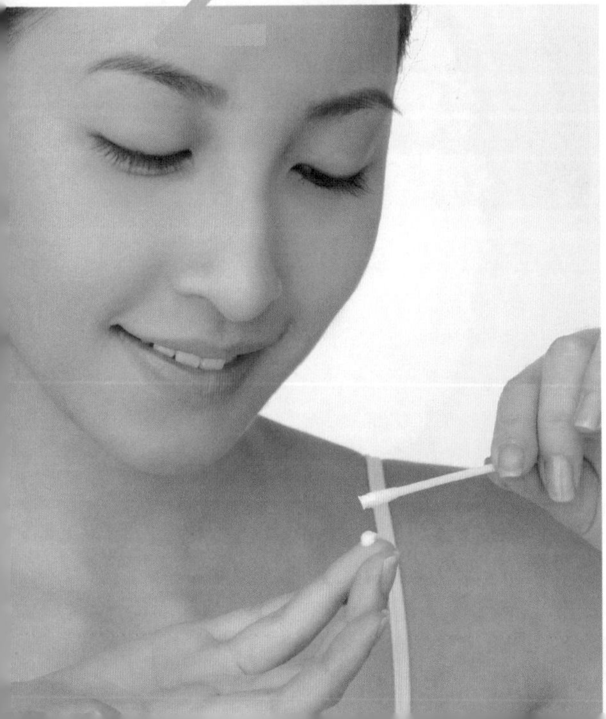

用双手的无名指在眼周，由眼头至眼尾，以逆时针方向，来回按摩3～4次。

3

精华液

ESSENCE

1

洗净手，将适量的精华液，倒至手中。

2

额头部位最易因干燥而起皱纹，所以精华液用量可增加。用双手中间三指，由下往上，来回按摩至精华液确实被肌肤所吸收，也可轻微拍压加速成效。

3

两颊则由下至上、由内至外，按摩涂
抹至精华液被确实吸收。

4

下巴部位则分别向左、向右涂抹。

5

鼻梁部位则由鼻骨往两侧，向外推压按摩。

乳液

LOTION

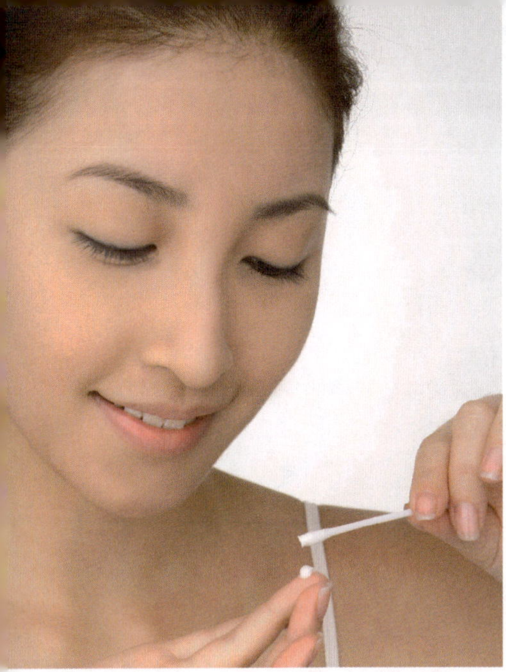

1

用棉花棒蘸取适量乳液（过量不易吸收，反而会阻塞毛孔）于无名指上。

2

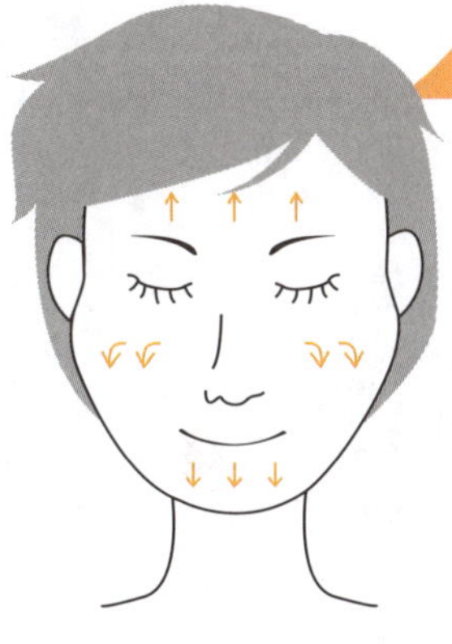

涂抹于前额 / 两颊 / 鼻梁 / 下巴等部位，来回按摩 3 ~ 4 次。

隔离霜

MAKE-UP CREAM

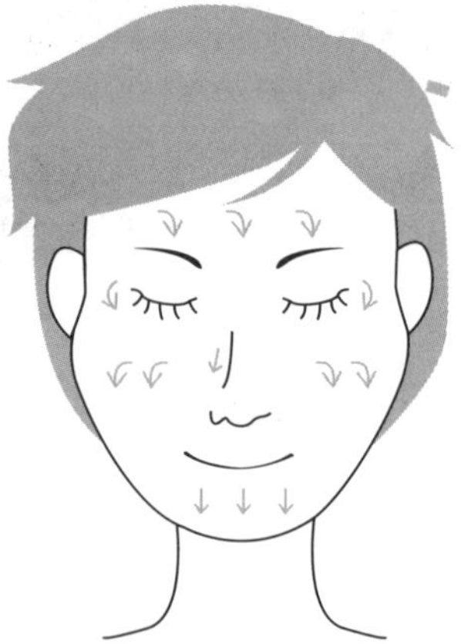

用无名指蘸取适量隔离霜于脸上各部位，用中指及无名指指腹，以画圆方式将隔离霜推开。

底妆速成实况03
LIVE ACTION

PRE—PRODUCTION

底妆工具 Stand By

短毛粉扑
竹炭棉花棒
密胶质粉扑（似化妆海绵材质）
化妆四角海绵
竹炭三角海绵
触感型粉扑
TOPPRO & LADY'S
Miss Happy
私は
淑女のともだち
汚れ
ハッキリ！
黒
paris berLin
MAQUILLAGE PROFESSIONNEL

妆前修饰液

MAXFACTOR
Moist Veil
Make Up Base

光感粉底液

PRIVACY
PRIVACY
PRIVACY PRIVACY

冰镇泡沫粉底
粉条
粉底液
CoolICE FOUNDATION
LIQUID FOUNDATION
N
Creates clear and pore-less skin
extra pure fresh and clean
粉凝霜
粉膏

蜜粉
粉饼
水粉饼
ALFREDO BE'BE'CO
ALFREDO
BE'BE'CO
UV Two Way Cake
Dior

修饰粉底

CONCEALER

1

洗净手，将适量的修饰粉底液倒至手背上。

2

用海绵蘸取修饰粉底液，在眼袋及黑眼圈的部位，从眼头至眼尾，用按压的方式，遮盖之。

3

鼻梁部位，从眉宇至鼻头，以斜纹方式来回按压、修饰，达到鼻梁立体的效果（特别是鼻梁较塌者）。

4

额头部位，由内向外（发际），以按、压、推方式作修饰（特别是肌肤暗沉者）。

KEIKO 即席讲座 依肤色选择不同的修饰粉底

【白色】用于化透明妆时，或用来遮盖黑眼圈，可使肌肤看起来更有光泽。
【绿、蓝色】适用于多粉刺或脸色不均、发红的肌肤，可遮盖瑕疵，使肌肤看起来光滑。
【粉、橙色】用于过度苍白的肌肤，可增添红润效果。
【淡紫色】可中和偏黄肤色，使肌肤呈现光泽感。

底妆 FOUNDATION

1

洗净手，将接近肤色的粉底液，适量倒至手背上（肌肤过于干燥可将粉底与精华液或乳状粉底，按 1 ∶ 1 比例混合使用）。

2

从额头开始打底，向上（发际）按压。

3

鼻梁部位，从眉宇至鼻头，以斜纹方式来回按压。

4

脸颊两侧由内向外（耳际）按、压、推。
下巴部位，则由上向下按压。

KEIKO 即席讲座 粉底的类型

【粉底乳】介于纯粉底和隔离霜之间，适用于自然妆。
【粉底霜】比粉底液略稠，适用于脸部瑕疵较多，或肌肤较干燥的人。
【粉底液】适用于各类肌肤，可使肌肤看起来更有光泽。
【粉底条】遮盖效果最佳，适用于快速化妆。
【粉饼状粉底】可掺水使用，也可当作补妆、定妆产品使用。

定妆 FINISH

1

油性与中性肌肤者，用蜜粉定妆较为适合。

2

干性肌肤者，用粉饼或水粉饼定妆较为适合。

KEIKO 即席讲座 选择不同颜色的蜜粉

【白色】颜色最亮，一般用于额头和鼻翼，能遮盖黑眼圈，产生透明感。
【米色】最常用的色系，可调和肌肤，使其拥有整体感。
【黄色】适于夏季晒黑或较暗的肌肤，能达到调和之效果，使肌肤具有光泽。
【褐色】可遮盖较苍白的肤色，并营造出健康感；用在下巴或额头，可增强立体感。
【紫色】在灯光下，视觉效果较强；另外具有中和黄色的作用，适于肌肤偏黄者。
【粉色】适于新娘妆或晚妆，让脸色看起来红润、健康。
【桃红】适于所有肤色，可表现出局部的明暗效果。

眼妆速成实况04

LIVE ACTION

PRE—PRODUCTION

眼妆工具 Stand By

眼线胶
BOBBI BROWN
眼影眼线两用笔
眼线笔
亮片眼线液
COLOR XTEND
BLACK
Beauty Game
Keiko
滋润防水眼线液

加倍浓密睫毛膏

纤长滋润睫毛膏

睫毛夹

假睫毛

黑色睫毛胶

假睫毛

假睫毛

修眉 CLIP

1

如果眼窝间距较窄者，由眉下开始用修眉刀修，才可抓出眉窝的适当间距；反之，则由眉上开始修。

2

用剪刀将眉毛之长短修齐、修平。

画眉

BRUSH

1

先以眉笔勾勒出适合自己眉形的骨干。

2

用眉刷刷匀（也可用眉粉再加强颜色），眉头淡至眉尾浓，较自然。

眼影

EYE SHADOW

1

东方人眼睛通常较凸，为了创造立体感，可用白色眼影粉，将眉骨部分刷白。

2

用接近肤色的浅咖啡色，作上眼影前的打底（涂上眼影后，较具层次感）。

3

将主要眼影从眼尾浓至眼头淡，渐层刷上。

4

最后于眼窝凹处，刷上一层浅咖啡色，使眼妆更具立体效果。

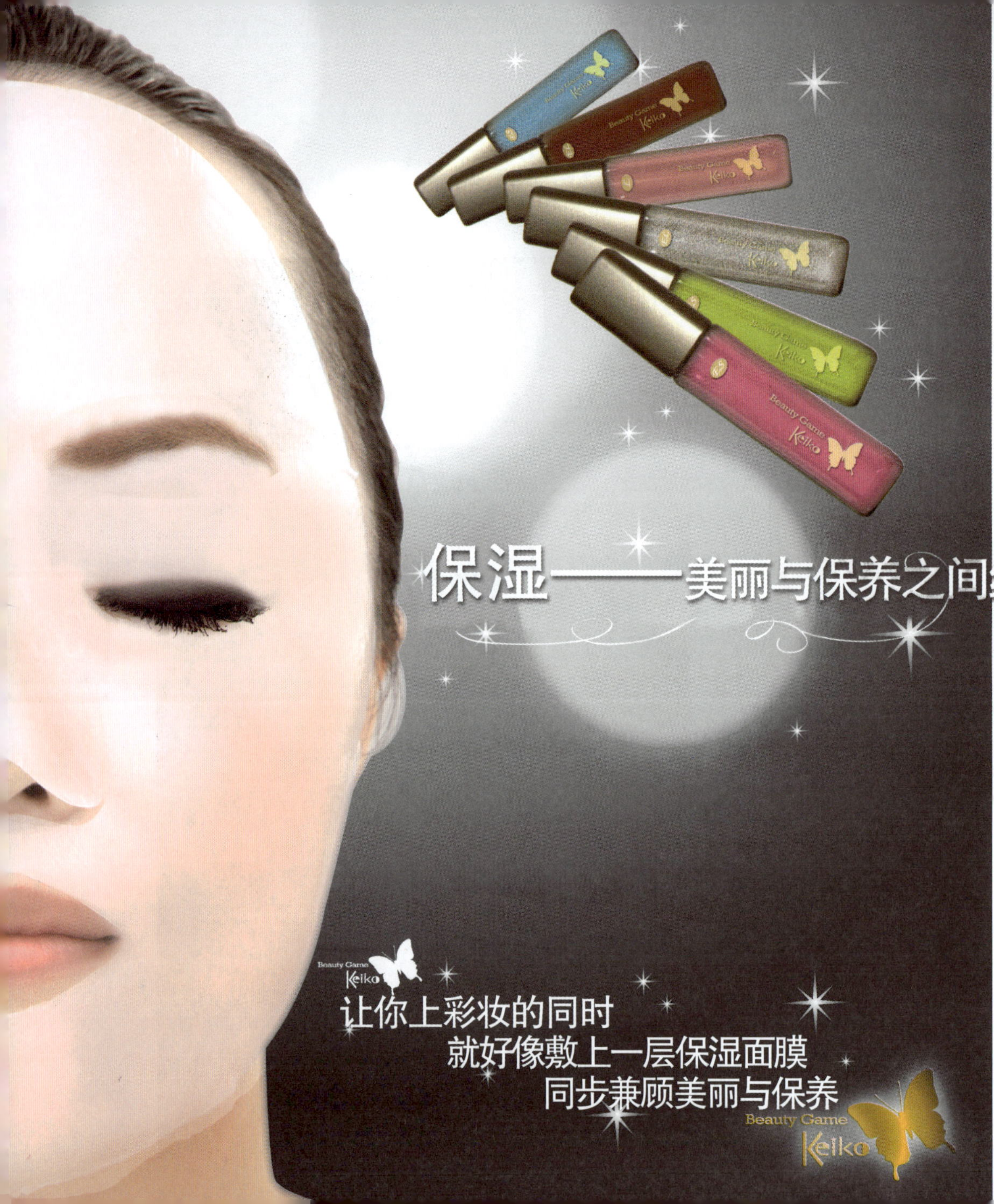
保湿——美丽与保养之间绝佳的平衡
Beauty Game Keiko
让你上彩妆的同时
就好像敷上一层保湿面膜
同步兼顾美丽与保养
Beauty Game Keiko

Beauty Game Keiko
易干——1~10秒让美丽瞬间诞生
短短10秒快速着妆
让你上班前
还有时间优雅地喝杯Capuccino
Beauty Game Keiko

眼线 EYELINE

1

如果要让眼妆较为柔美，就用色度较具柔焦感的眼线笔画眼线。

2

如果要让眼妆较有精神，就用色度饱和的眼线液画眼线。

3

如果要让眼妆较为魅惑，就用色度介于前述两者间的眼线胶画眼线。

KEIKO 即席讲座 画眼线的方式

【眼影】用黑色、黑褐色与深灰色的眼影粉，最能呈现出自然的感觉；若蘸少量水使用就能有和眼线液相同之效果。

【眼线笔】方便画出各种眼部轮廓，但因为含油量较多，画出的眼线易花，不过若稍加修饰，反而能制造出朦胧美。

【眼线液】使用较为麻烦，但如果用小指及无名指，固定于眼部下方，以液体眼线笔，一次画出眼线，便能得到完美的眼线。

KEIKO 即席讲座 不同眼型的眼线

【眼大】可选择不画眼线，或画在睫毛里。

【眼小】画在睫毛上方将眼型拉大且有神。

【眼大小不一】先将眼大的部分抓出，画出感觉，再以眼大的眼线为基准，使大小眼均衡。

【单眼皮】画在睫毛上方，尽量画粗，能让眼睛有放大的效果。

【双眼皮】双眼皮不明显的人，眼线尽量画在睫毛根部，让颜色稍深；眼尾部分稍微往上拖，不但能保存双眼皮，并且会比较有神。

睫毛 MASCARA

1 由下向上，以30度角，夹压睫毛。

上睫毛以 Z 字形方式（使睫毛根根分明，不易纠结），由下向上刷。 2

下睫毛以 Z 字形方式，由上向下刷。 3

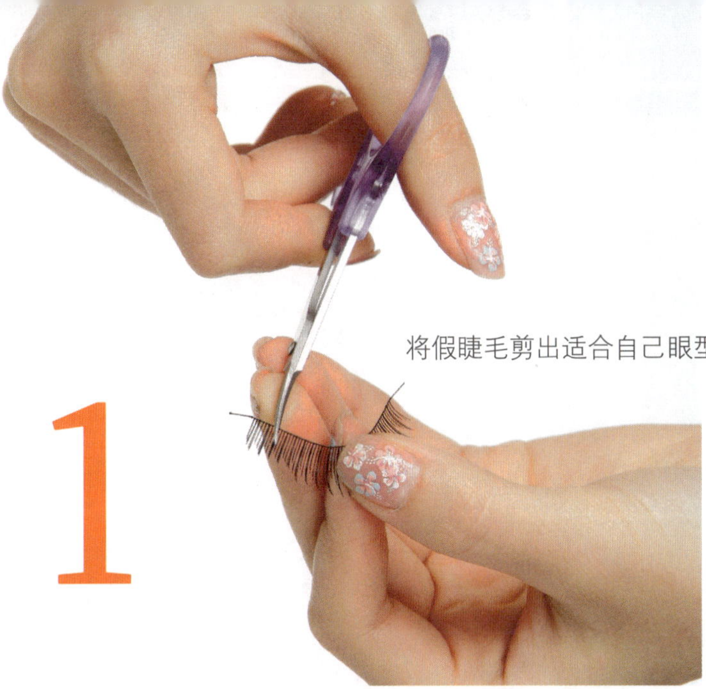

1

将假睫毛剪出适合自己眼型的长度。

2

将假睫毛稍微弯出弧度，较易黏着。

3

用双手拇指、食指抓住假睫毛的前后，眼睛向下看，向真睫毛的根部黏着。

4

若用单束假睫毛者建议用镊子操作（方式如步骤3）。

5

再用睫毛夹，将真、假睫毛确实融合，更为自然。

腮红速成实况 05

LIVE ACTION

腮红工具 Stand By

腮红

BLUSH

1

刷腮红时，建议可轻轻微笑，使颧骨隆起，在其部位，由内向外刷出适当效果。

KEIKO 即席讲座 不同脸型的腮红画法

【偏长脸型】从脸颊开始至耳朵，横向刷腮红，下巴部位也应沿椭圆形涂抹，便可遮盖原有脸型；但需注意勿超过面颊中部，否则会使脸显得更长。

【颧骨突出】在颧骨下缘刷白，使其有膨胀感；另外，在突出的部位，适度刷上深色、阴影的感觉，使整个修饰能达到平衡。

【脸颊丰肉或棱角突出】从嘴角至耳根部位呈45度角，轻刷一层腮红，可增加脸部的紧凑感；突出的下巴，用比肤色略深的影粉即可掩饰。

2

若用膏状腮红，可用中指及无名指，于颧骨部位，以画圆方式，刷出腮红。

唇彩速成实况 06

LIVE ACTION

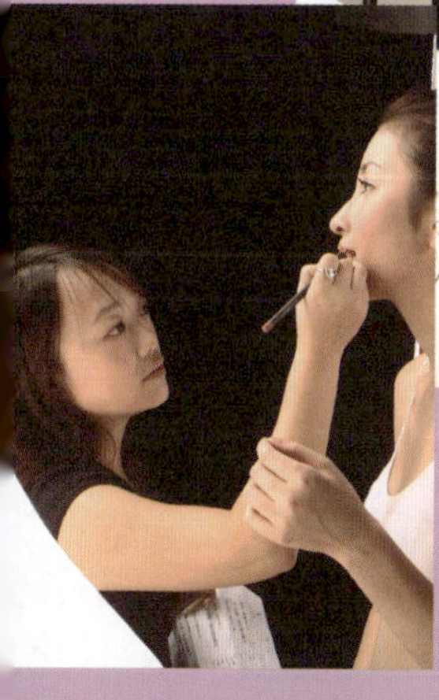

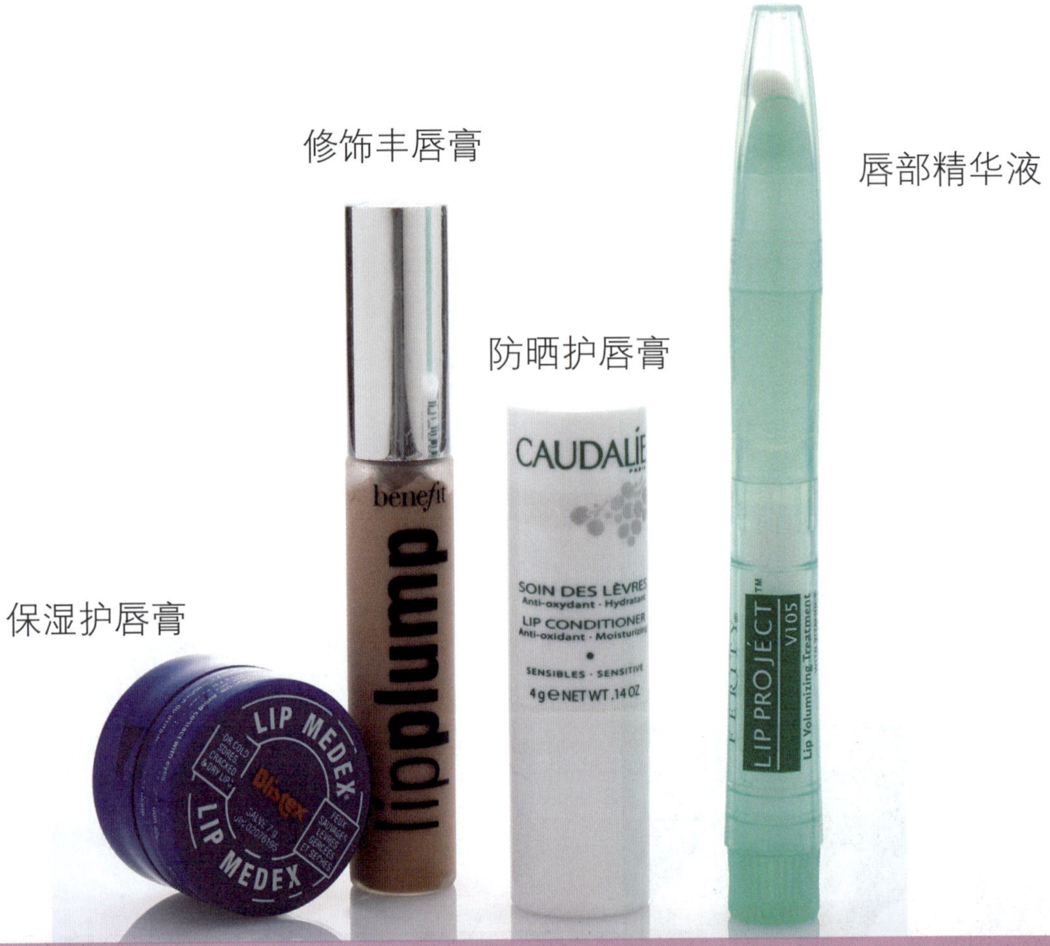

唇彩工具 Stand By

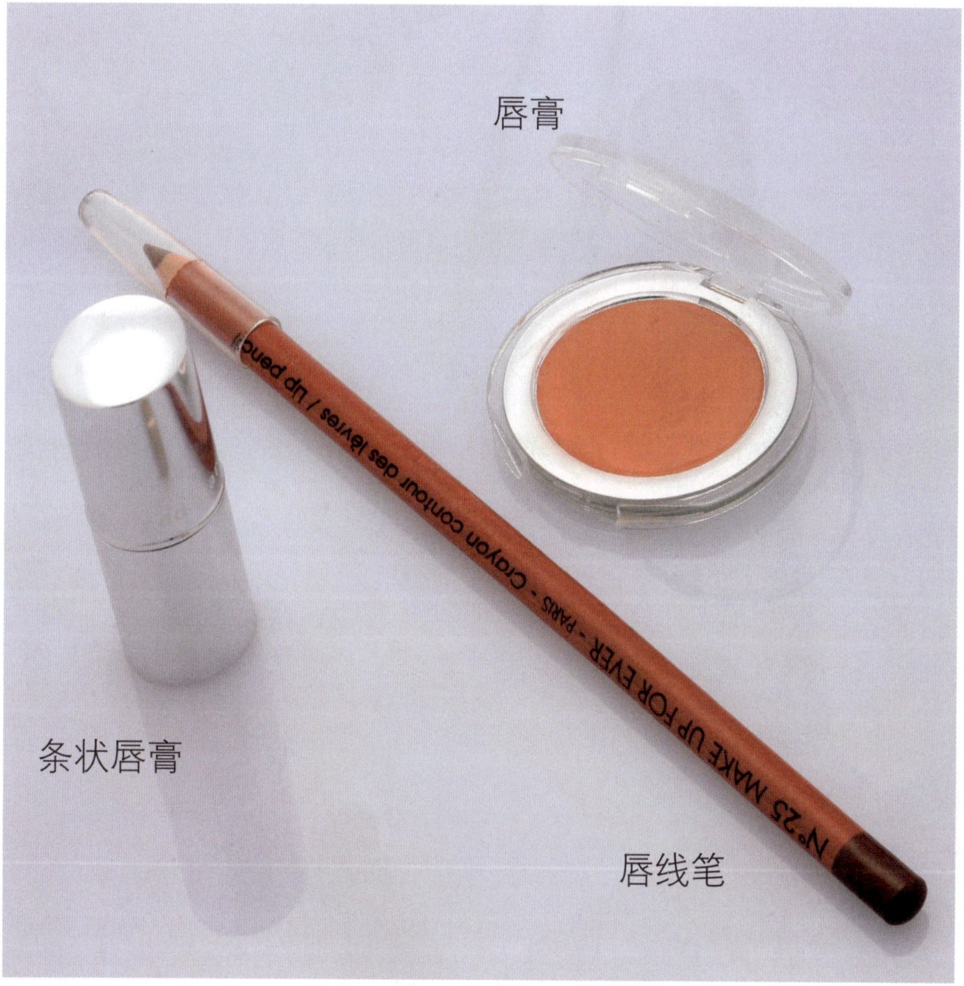
唇膏
条状唇膏
唇线笔
N°25 MAKE UP FOR EVER - PARIS - Crayon contour des lèvres / Lip

光感唇蜜
GLOSS
BRILLANCE
珠光唇彩
LA FILLE
リップグロス
透明唇油
Honey Dip Gloss
MAJOLICA MAJORCA
珠光唇冻
Beauty Game
Keiko
持久保湿唇蜜

护唇

LIP CARE

用棉花棒蘸取滋润型护唇膏或凡士林，在上唇彩前，先作一层保护，可隔离唇彩，直接渗入肌肤底层，使其暗沉。

唇线 LIP LINE

1 先勾勒出右侧上唇峰。

2 再勾勒出左侧上唇峰。

3 勾勒出下唇如图部位。

4 连接右侧上唇峰至唇角的位置。

5 连接左侧上唇峰至唇角的位置。

6 连接右侧下唇中线至下唇角的位置。

7

连接左侧下唇中线至下唇角的位置。

8

将唇彩画至唇线内。

9

画上唇蜜，使唇部看起来更具光泽感。

修容速成实况 07

LIVE ACTION

修容

CORRECTOR

整个妆完成后，以标准脸型（鸡蛋型）为基准，将多余部分，用比肤色深一些的修容饼，作修饰。

KEIKO 即席讲座 - 不同脸型选择修容技巧

【修饰多余】将太宽、太肿、太胖的地方，用比自己肤色更深修容饼，将上述部位，修饰成近椭圆型脸。

【丰富不足】将凹陷的脸颊，运用白色或比自己浅的修容饼，作为丰富脸型的修饰，使之有膨胀感，以作平衡。

A．方型脸——由太阳穴往下颏，由外向内修容。

B．圆型脸——沿着耳际，由外向内修容。

C．倒三角型脸——在太阳穴部分以深色修容饼修饰；下颏部位刷白使之有膨胀感，并能上下平衡。

D．三角型脸——与倒三角型脸相反，要将太阳穴附近刷白，耳际开始至下腮帮以深色修容饼，修出阴暗面，以缩小整体脸型。

E．长型脸——从耳际开始至下巴部位，以深色修容饼顺修。

A．方型　B．圆脸型　C．倒三角型　D．三角型　E．长脸型

完整妆

BEAUTY

防水——特殊防水因子与肌肤的亲密互动
Beauty Game
Keiko
让你即使因情伤哭成泪人儿
依旧保持你高雅的美丽
Beauty Game
Keiko

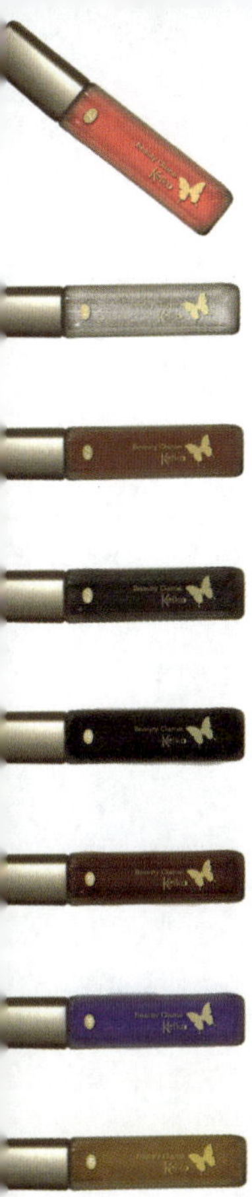

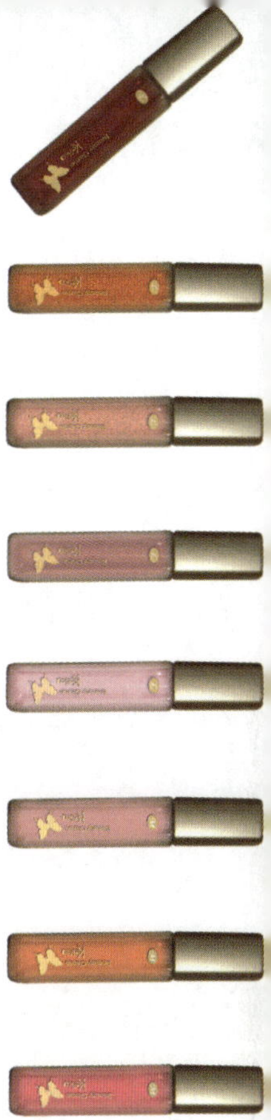

化妆是便利　是游戏　更是美丽

保湿+防水+易干+不易脱妆+易卸

市面上首创中国台湾、大陆，美国专利掌心包，便利包装

24支相互混色膏状彩妆，让你调画出属于你独特的颜色

三大主题包，让你去掉繁琐的瓶瓶罐罐，依照你当时的情境随时抽换掌心包的彩妆内容

口红=腮红=眼影，多功能复合式用途，让你节省购买其他化妆品的支出

随身携带，别让装满化妆品及保养品的沉重包包多余了你的美丽，你，才是这场彩妆游戏的主人

派对包　　约会包　　都会包

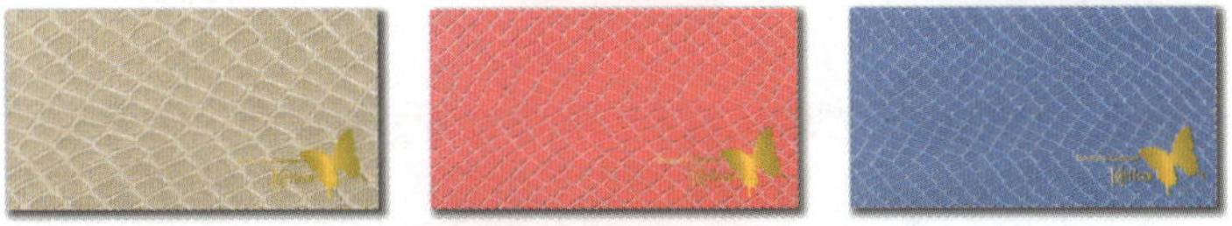

总代理 柏妆行销整合股份有限公司
台北市复兴南路一段107巷15-2号1楼
订够电话：02-27751522　www.mustbuy.com.tw

KEIKO情境彩妆现场

date
约会

现代的女孩，只要是外出，基本上都不会忘了斟酌一下自己的妆容，尤其是日本女孩，特别讲究这一点，无论约会、逛街、采买……或像我以前在当地念书，都记得会先带一些淡妆再去上课。

一般而言，女孩日常的休闲活动，多半是约会和逛街，所以彩妆部分我们可利用目前流行的日系缤纷、鲜艳的色彩，搭配轻松、拥有自我风格的衣着，更能互相衬托，保有真实的性情！

约会妆的最大重点在于妆容与服装的搭配，眼妆可以凸显，但不宜过于浓厚、艳丽，可选择以粉嫩色系为主，再搭上另一色作为变化，制造多变、轻盈的妆效。另外，口红和腮红部分，桃粉色及橘粉色都是很好的选择，不但增添了甜美感，同时也能让人更显年轻！

Beauty Game Keiko

睫毛膏

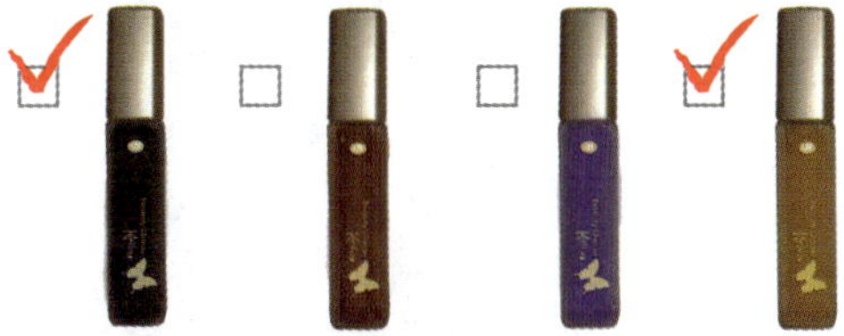

腮红

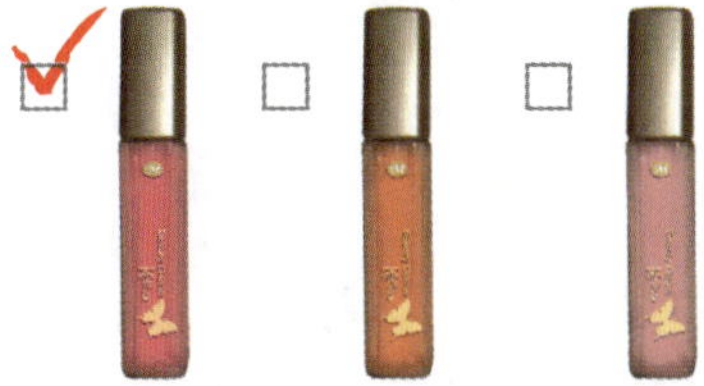

眼线液

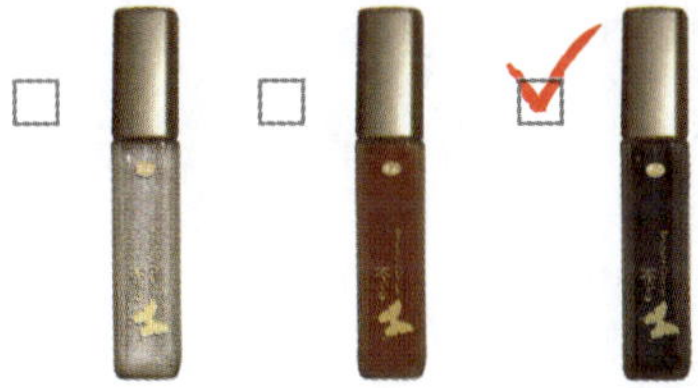

约会包

眼影

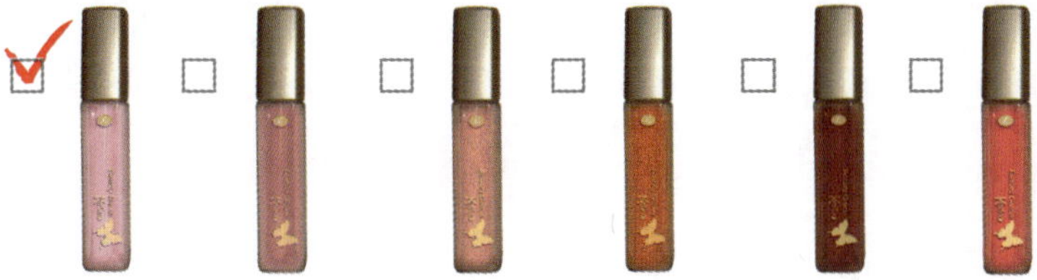

唇蜜

Beauty Game
Keiko
日系严选
特别入镜——佐藤麻衣SATO MAI

为了特别强调麻衣眼妆的透彻感，所以帮她上了水蓝色的珠光眼影，让她原本就很迷人的眼睛，显得更为亮眼！

再搭配浅粉色调的口红，以及粉嫩、透色的腮红，试图呈现出一种清新、活泼可爱的少女轻盈感，颜色方面，自然也以亮丽为整体的调性。

date

约会

造型较具南洋风，所以在发型上搭配了花饰，而彩妆重点就会放在如何凸显整体的热情、甜美之上。

我的选色以多层次搭法为原则，譬如眼影就做了自然绿和粉红色系的双色搭配，口红和腮红都借由粉橘色来表现自然、不造作的风格，也间接能凸显肤色给人的健康的感觉。

1

将眼影分为两区，如太极形或半月形（双色眼影），眼尾至眼中，分界不需刻意，但主色稍多，如图搭配服装及场合，使用绿黄色。

2

将眼头至眼中刷上桃红色与步骤 1 的界线结合（可重叠）。

3

可在下眼头至眼中，也刷上绿黄眼影，使其更亮眼、活泼。

4

因为是休闲妆，眼线的表达上不需刻意，勾勒自然线条即可。

5

配合发色刷染眉膏，此眉部更俏皮、有整体性。

6

腮红区域别过大、颜色别过重，可以“↗”勾勒方式，画出可爱的晕红。

7

再用唇彩（因本身有保湿因子）顺着唇形描绘，增加唇部自然光影。

date
约会

睫毛是加强的重点，让它们变得细长、浓密，使眼妆看起来较为深邃、饱满，眼线的适度加强，同样也能当作眼妆的辅助。

眼影部分，为了搭配约会造型，所以并没有太大着墨，其他妆容仍以粉色系为主，桃粉色腮红是不错的选择！

口红再压上一些唇蜜，就能呈现保持原有的甜美风，并带有一双放电、勾人的眼神。

1

要让眼神充满电力，重点是色彩要柔和，如果主色选用粉紫或粉桃色，就先用淡粉色在眼窝，先打一层底。

2

主色（珠光桃粉）在双眼皮内，渐层刷至双眼皮上一些，产生层次感。

3

眉骨部位，利用白或米色，或刷上与眼影同色系的最浅基调色，让眼妆更具立体感。

4

眼影也可用来当作腮红，因颧骨有角度，虽是同一色，但也会因折射而有深浅不同，更能延展它的层次感。

5

下唇形要丰满，可画出唇形外一些，才有人缘，也更性感。

6

上唇形须将棱角勾勒出来，可选用自然粉嫩的色系。

KEIKO 情境彩妆现场

modern
都会

台湾的女孩子，在社会上越来越强势，所以对上班的妆容，自然也会更加注重，不论是需要经常面对客户的业务性质工作，或常坐办公室的女性员工、主管，也许下班后都还会有多彩多姿的私人活动，所以因应两大类需求的彩妆风格亦有不同。

ＯＬ的化妆技巧，整体而言必须是自然、简单、利落大方，选色上也应该以柔和、协调为主，彩妆重点在于是否能充分展现出专业形象和个人的自信。上班族女性最忌讳让客户感到太过年轻、信任感不足、不够踏实，如果因为化妆问题，导致这种情形发生，那就太得不偿失了！

目前的办公室文化对女性妆容的要求，仍以稳重、自然为原则，所以我们还是希望能避免太亮的眼影、唇蜜，或过于鲜艳的产品。重点是要强调眼睛的有神，另外，也可适度利用唇彩，加深整个妆容赋予人的稳定感。

Beauty Game Keiko

睫毛膏

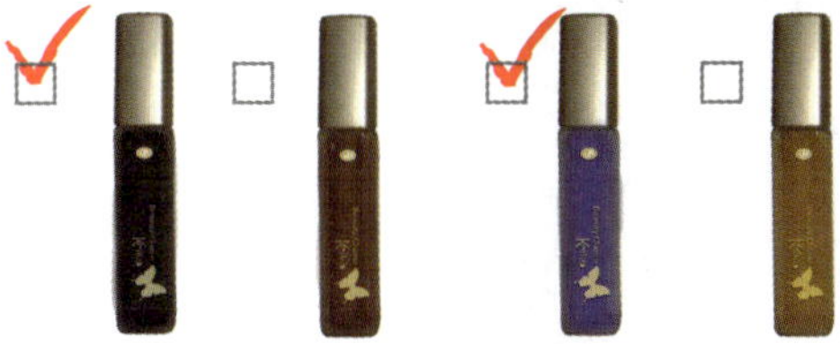

腮红

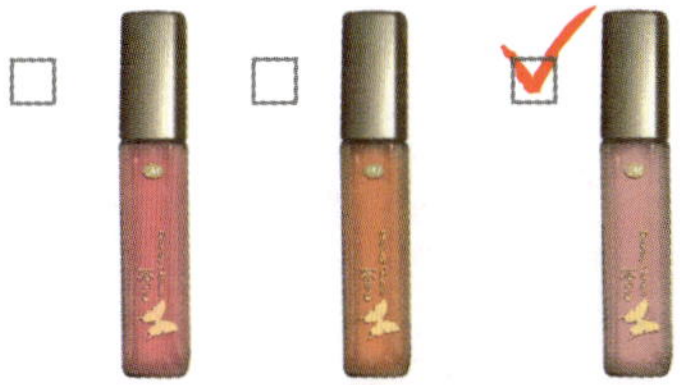

眼线液

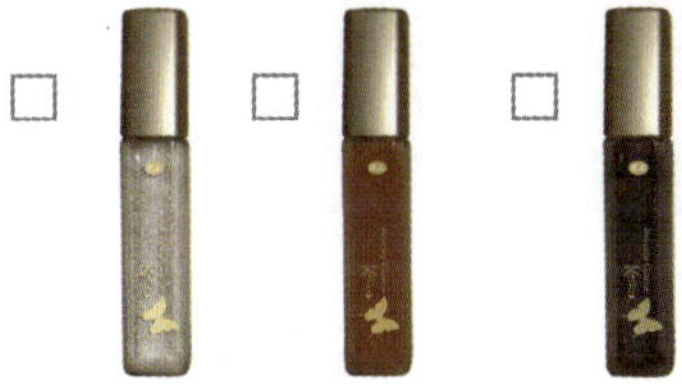

都会包

眼影

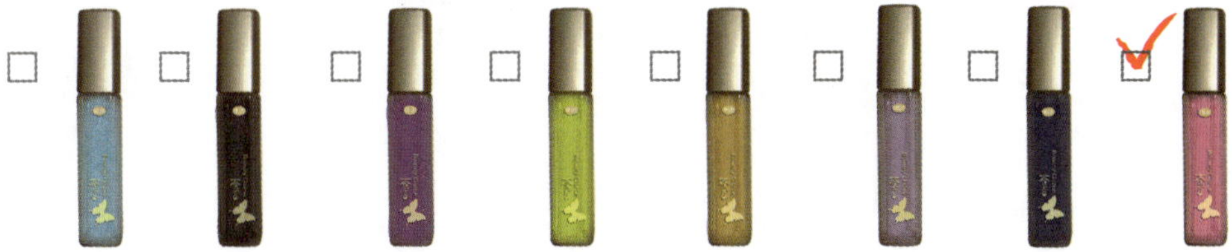

唇蜜

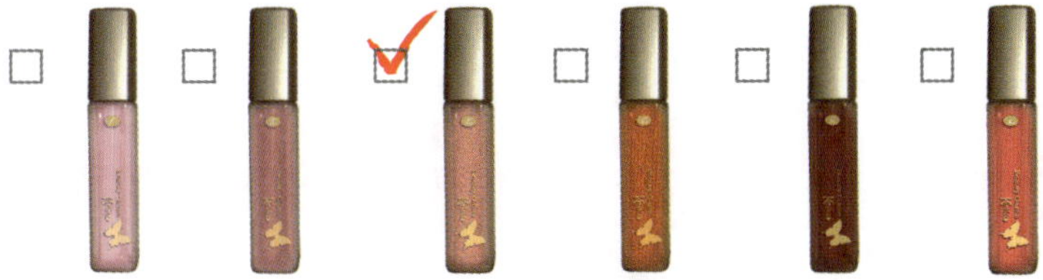

Beauty Game Keiko

日系严选
特别入镜——佐藤麻衣 SATO MAI

要让麻衣那双灵活的大眼睛，加强稳重感，眼影便选用了咖啡色系，稍微压缩她可爱的程度，然后在眼线部分稍微加粗、睫毛部位稍微加重一些。

用偏橘粉色系的腮红，口红也是比较接近唇色的浅粉色，使整个妆容看起来稳重、大方，而重点仍在眼部，因为在上班族最重要的谈吐之间，眼神是给人最直接的印象所在。

modern
都会

业务性质的女性上班族，妆容的重点在于，整体而言能否给人有稳重的感觉，不能太过年轻、可爱，因为可能会让人有不够踏实的感觉。

所以彩妆上的色彩，不需过多、过重，尽量以清晰干净、强调眼睛有神为主，只要稍微加强睫毛、眼线及基本的口红唇色即可。

上班族女性的眼妆，强调在眼线与睫毛，眼影是辅助，所以只需单色，在眼窝内，从眼尾渐层至眼头，拉长眼影范围，增加稳定性。

1

眼线以黑色或灰黑色为佳，易脱妆者用防水眼线为佳，色度饱和，看起来更有精神。

2

3

睫毛有扩大眼睛的效果，除了上睫毛要刷出根根分明的感觉，下睫毛也不能忽略（较为稀疏者，可用眼影刷出眼线效果）！

4

腮红刷出的方向会影响妆感给人的印象。如求稳重，从颧骨至发际的位置即可，选色不宜过重，清雅的淡粉紫或淡橘色为佳。

5

唇形以下唇饱满，由两侧嘴角向上勾勒；上唇则由上唇峰连接至唇角即可。

modern
都会

高阶的女性主管，重点应该放在眼妆跟口红。要让眼神看起来深邃、干练，所以眼影选用深色系，营造出沉稳、精明的感觉，尤其是眼小的人，特别要用睫毛膏加强。

另外，为了配合下班后可能的应酬、聚会等等，妆容应以稳重中求时尚为原则，如强调眼妆，腮红跟口红就不需太浓，略偏银彩、粉嫩色系，可能会有特殊效果产生!

1

先上一层浅咖啡色眼影打底，范围可由眉骨下至眼头区。

2

珠光蓝黑色眼影为主色，可使眼神深邃迷人，又不失稳重。

以眼影用晕画法勾勒出下眼线的质感。

3

4

上眼线可用眼线液在睫毛根部加强色度。

5

由内向外横向画出腮红，增添脸部圆润感，选色可偏粉紫色。

6

用珠光唇蜜上色，下唇则需画得饱满一些。

KEIKO情境彩妆现场

party 派对

对女孩子来说，最伤脑筋的就是参加特殊场合前的造型时刻，不但要考虑各式地点的性质（生日宴会、时尚ＰＡＲＴＹ，等等），还得从中思考如何能凸显个人的个性与风格，确实是对自己的一大挑战！

时常有人因为场合关系，而让妆容显得过度鲜艳、浓郁，导致本来想要强调的部分，或原本自己的强项，反而被掩盖了。因此，在此必须强调的是，同一个妆容里，并不适合有多过两个部位以上的重点，如果强调了眼妆和唇彩，那么腮红就不能再过度渲染，否则会互相抢戏，结果形成一张没有重点的妆容。

所以，妆前最重要的课题便是，选定一主题，好好发挥，然后再以适当的彩妆搭配，来衬托它。尤其是较为慎重的晚宴妆，绝对要能凸显原有的优点，这样一来，不论是成熟、高贵、气质等路线，都能保有专属自己的韵致。

Beauty Game Keiko

睫毛膏

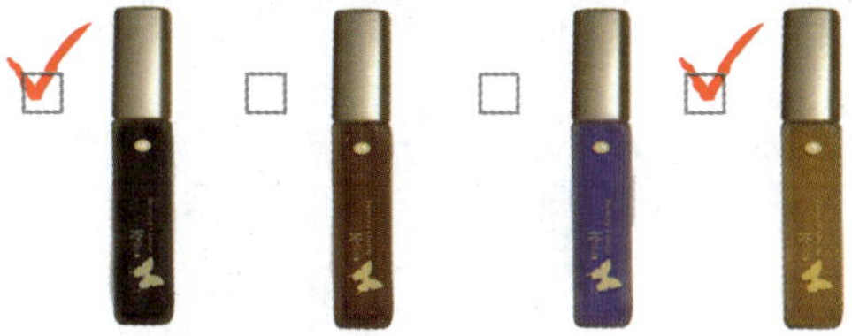

腮红

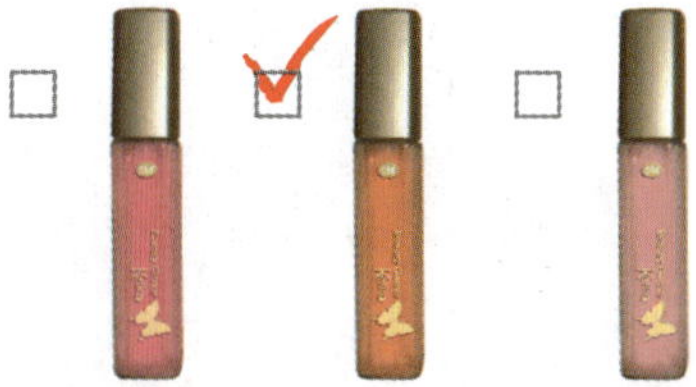

派对包

眼线液

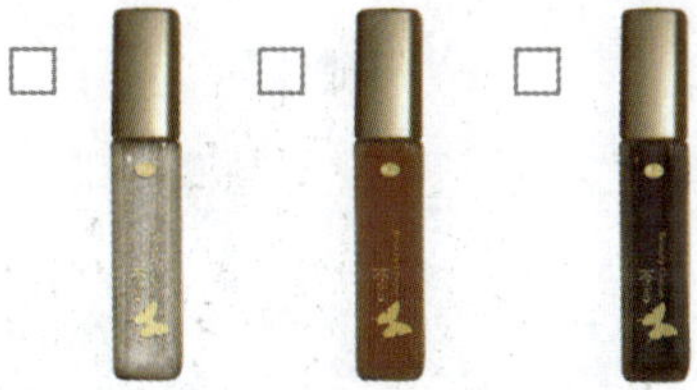

眼影

唇蜜

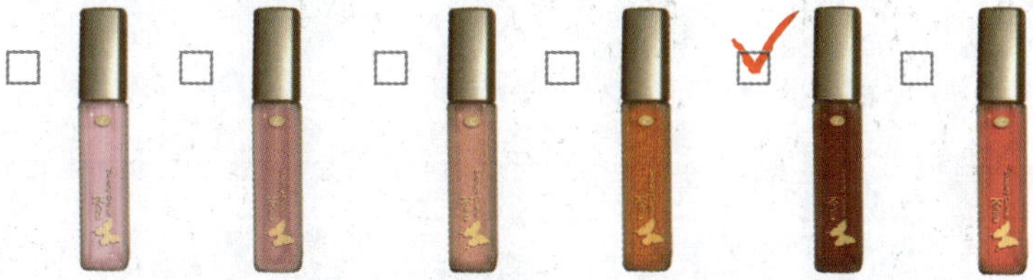

Beauty Game
Keiko
日系严选
特别入镜——佐藤麻衣SATO MAI

其实麻衣也可以慢慢改变既定的形象，所以为她设计了一个高贵、典雅的晚宴造型，而眼妆依然是重点所在，但会是着重于睫毛部分，特别地加粗、加长，以衬托她会说话的眼睛。

另外，眉毛为了配合发色，也着上了染眉膏，迎合整体性；至于口红则稍微加重，偏向咖啡藕色，让她更加成熟、带有韵味。

party
派对

宴会中因为灯光昏黄的关系，除了眼妆，唇彩也会占有极大的印象分数。

搭配本晚宴造型，特别修饰了唇部的菱角线条，选色上以艳红搭配一些透亮的珠光唇蜜，会增添视觉上的魅惑感。

另外，用粉桃色腮红，在颧骨部位往上提刷，可制造脸型拉长的效果。

1

为了在昏黄灯光下强调五官立体，先于眉骨刷上珠光白使其突出。

2

从双眼皮内深渐层至眼凹区淡，刷上珠光紫色眼影（眼影色需和服装搭配，用同色调但不同彩度为佳）。

3

眼窝凹处用浅咖啡色眼影，从眼尾至眉头与眼头至中间刷上阴影，使眼妆不会有眼抛之恼而又有渐层、立体的效果。

4

眼线除了用色度饱和的眼线液外，可从眼尾1/4处开始往上更勾勒，与眼尾成45度，让眼神产生魅惑感。

5

选用粉桃色在颧骨部位画圆往上（发际）刷，可让脸型拉长效果，也可增加晕红修润感。

6

口红可作为重点，但需与腮红同色调，唇峰、唇形要明显，下唇线条要勾勒出棱角。

7

用有珠光亮唇效果的浅色唇蜜加强。

party
派对

造型重点完全摆在眼妆上，用灰黑色眼影刷出小烟熏的效果，睫毛部分则使其浓密、根根分明，同时再加强下眼线，使整体眼妆更能互相烘托。

至于腮红则用与眼妆对比的粉桃色，一方面可让双颊亮丽，另一方面又可衬托眼妆的高贵气质，营造出一种“霓裳虹彩”的气氛。

1

用灰黑眼影由眼尾渐层至眼头及眼窝凹处，刷出小烟熏效果。

2

下眼线部位则刷出晕染眼线效果，眼尾浓至眼头 1 / 3 处淡。

3

睫毛用纤长浓密睫毛膏，以 Z 字形刷法来回 2 次，使其根根分明。

4

在下眼头至下睫毛内侧，刷上亮片眼线液。

腮红由下向上、由内向外斜形刷上，用与眼妆对比的粉桃色，可亮丽双颊，衬托眼妆。

5

7

下唇添加有晶亮效果的唇蜜或唇油，嘴角可稍往上唇勾勒，使其有菱角嘴的甜美感。

6

上唇强调唇峰的线条。

KEIKO情境彩妆现场

image
印象

特殊妆容所追求的效果就是——强烈的印象。在此，我们设定了两种截然不同的造型，有极度甜腻的可爱，也有带着轻微嬉皮感的庞克风，试图在视觉上，能呈现出更为强大的反差。

两个妆的重点，都放在眼神的部分，用了目前颇为流行的烟熏眼妆，因为庞克系列的妆，多少带有颓废感，色系仍以黑色为主，所以如果利用较轻的小烟熏，是极为适切的，既不会夸张，又可维持脸肤的年轻活力。

我们也能在眼头部位，加上点缀，譬如亮片眼线液，或有特殊效果的假睫毛，用来提升眼妆的亮度和吸引力。另外，腮红、唇彩可用珠光色，或亮粉作为点缀，加强光泽，让整体感觉更丰富、有层次。

Beauty Game Keiko

睫毛膏

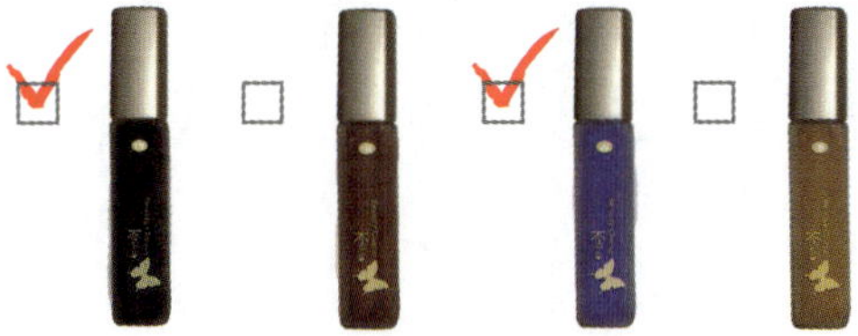

腮红

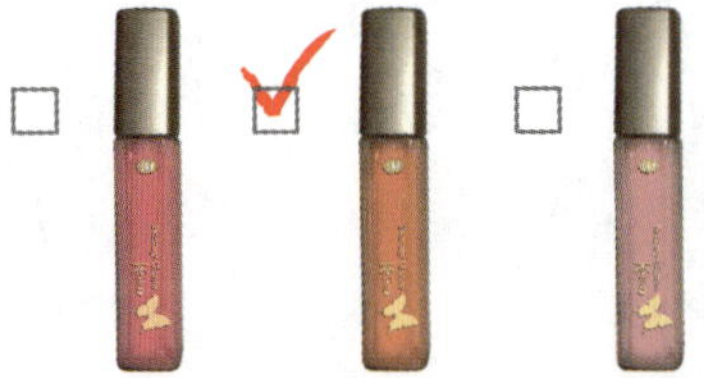

约会包　　都会包　　派对包

眼线液

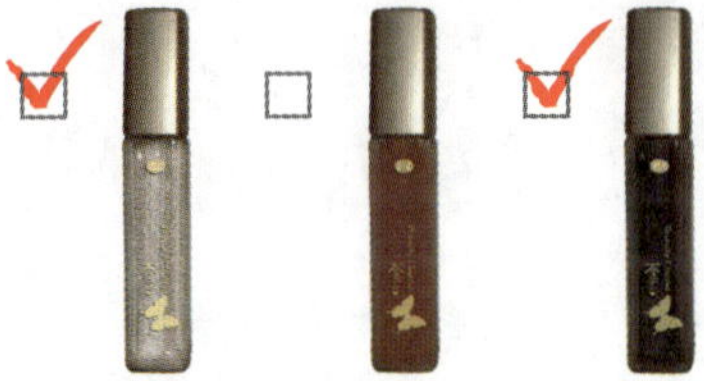

眼影

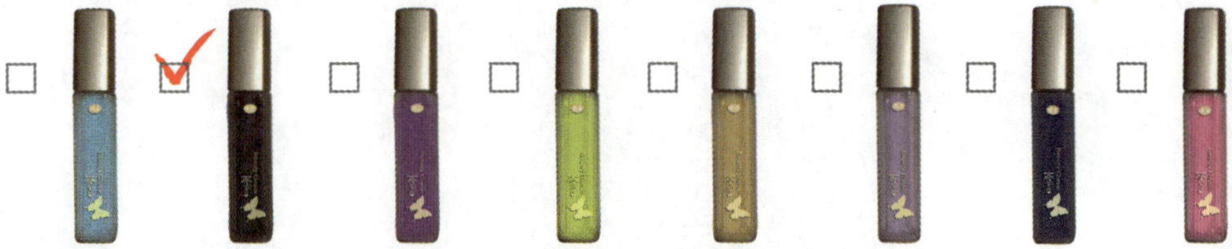

唇蜜

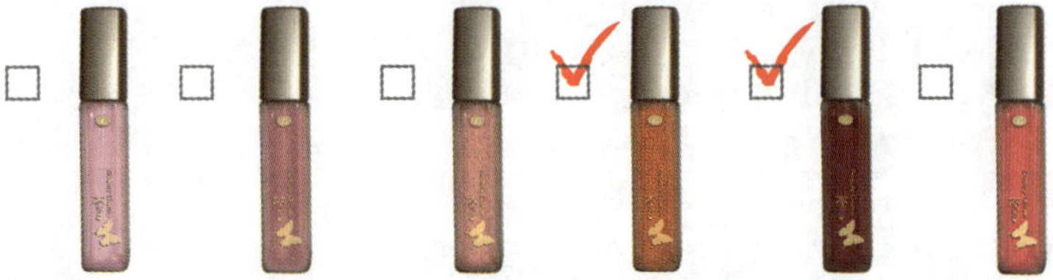

Beauty Game
Keiko
日系严选
特别入镜——佐藤麻衣SATO MAI

麻衣从未尝试过此类庞克风造型，将眉毛部分刷成褐黑色，眼影则刷上珠光黑，制造出小烟熏的感觉，同时也加重下眼线及下睫毛，让上下比例匀称。

另外，我在她脸上用坊间颇为流行的亮片眼线液，做了小图腾，让庞克风更为凸显，也加重她的个人印象。

image
印象

造型概念来自cosplay，服装造型偏重强烈的可爱风，眼睛必须有“会说话”的感觉，所以眼头部分，特别加了亮片眼线液，增加眼睛的亮度。

整套妆容都以珠光感觉为主，包括腮红、眉骨、唇彩等，都会偏向较具光感的视觉效果，让模特儿看起来更像“陶瓷娃娃”。

1

在眼窝（包含眼骨）用
水蓝色眼影粉打底。

2

由眼尾至眼头渐层加深，色度选用饱和的
珠光黑，可当作眼线。

3

下眼线用珠光黑眼影
刷晕代替烟熏的朦胧
美感。

4

下眼头至下睫毛内侧刷上亮片眼线液，眼头部位尤需要加强，使眼型更显魅惑。

5

用具有珠光色泽的粉桃色，以打 V 方式刷腮。

6

妆容以银采珠光显色，唇彩也可用色度饱和带珠光效果的唇彩或光感唇蜜上色，较为自然、透明。

image
印象

造型感觉以中性酷炫华丽为主调性，因为服装的金属、透明感，所以也用了有金色亮片的假睫毛作为陪衬，而腮红、唇彩也都以带有光感的珠光色系，甚至用亮粉打上T字部位，以提升整体妆容的光泽度。

让造型有一种令人想一窥究竟的神秘气质！

1

要画出三色渐层眼影，必须在选定主色眼影（珠光藕紫）后，用与主色之浅色系打底，做出渐层立体感。

2

主色眼影则由眼尾至眼头渐层刷出双眼皮外，及步骤 1 的范围内。

3

第三色系用黑色眼影当作眼线使用，在双眼皮刷至睫毛根部之范围由眼尾至眼头饱满刷上。

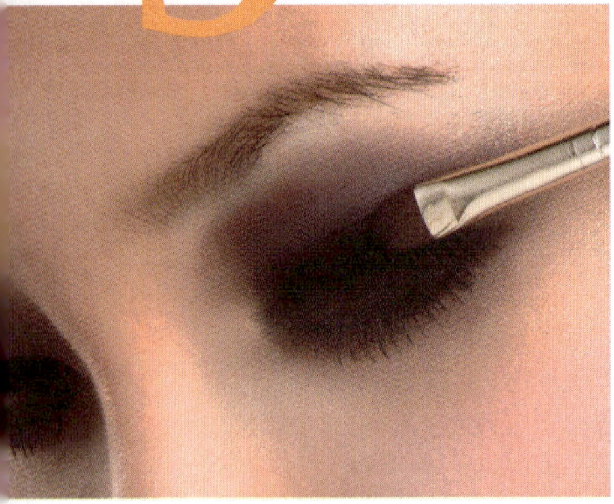

4

下眼线则与步骤 3 一样，用黑色眼影，由眼尾至眼头浓浓刷上。

5

下眼线画好再用上眼影之主色在下眼线的下方稍微刷晕熏。

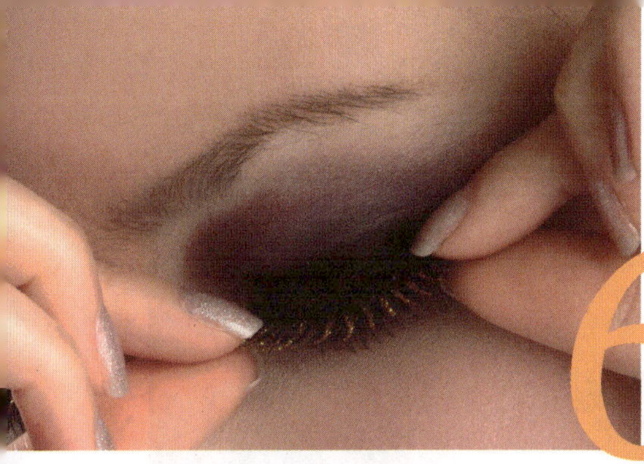

6

用特殊加长亮片之假睫毛增强眼妆效果。

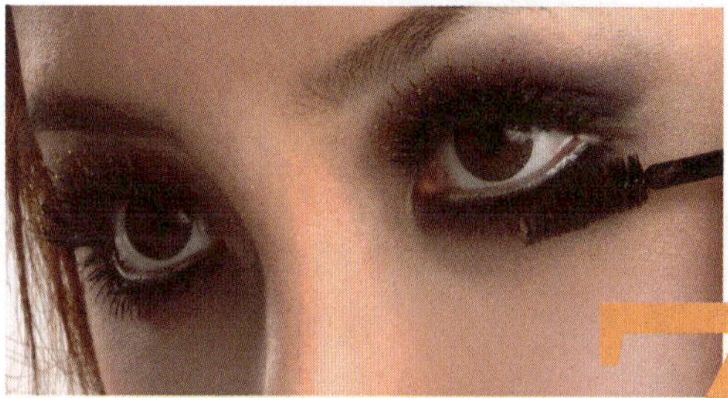

7

下睫毛可选用增加浓密型睫毛刷。

8

使用液态带光感的腮红，于颧骨部位画圆。

9

用中指及无名指指腹，以画圆方式由内向外推匀。

10

因妆感强调于眼部，所以口红不宜过重，用接近唇色的珠光粉色为佳。

JAPAN
日本观注

亚洲大不同——日本观注

众所皆知，日本女性总是比较含蓄，对比到彩妆方面同样也是如此。

喜欢以眼交流表达的她们，眼部彩妆造型，也就成为她们化妆的重点部位表现，如睫毛要根根分明之外，还要又纤长、又浓密，像是会说话的眼睛。

日系彩妆重点补充：

眼

【1】睫毛根根分明，纤长浓密，像洋娃娃一样。
【2】上下眼线除了会明显的画出外，借由晕染的技巧来使眼线更为柔美。
【3】眼影色彩单一清雅，不需要太多或太重的颜色。

眉

喜欢以发色搭配染眉膏呈现整体感。

底妆

干净明亮，水嫩无暇，具裸妆感。

唇

以自然色为基调。

腮红

自然的晕红。

Korea
韩国观注

亚洲大不同——韩国观注

相较于日本，韩国女性也比较爱美、爱整形，所以在五官轮廓的表现上也就更为在乎。

在脸部彩妆表现上，也就丰富许多，除了强调眼神部分的眼线勾勒之外，唇形线条的分明也是另一项重点，而唇形的色彩饱和度，同样不可忽略。

韩系彩妆重点补充：

眼

强调眼线的勾勒及浓度。

底妆

干净、遮暇力强！见不着毛孔，喜欢较具有粉质感的底妆。

唇

唇形明显、颜色饱和。

修容

重于脸部线条的修饰。

【彩妆专题】亚洲大不同
TAIWAN
台湾观注

亚洲大不同——台湾观注

台湾的女孩子因民族性的关系，在彩妆表现上也较为低调，一切线条以柔美为主，色彩则以轻暖色系呈现，给人有亲和力而没有距离的感觉。

但有一个重点需要特别注意，因台湾女性肤色较偏黄，所以在腮红用色方面需要特别强调。

而在日本流行文化的熏陶下，近几年来在彩妆上，台湾女生已逐渐走出模仿的风潮，慢慢有了自己的个性，独树一格。

台系彩妆重点补充：

眼

眼线线条柔美，色彩彩度清雅，自然不造作。

底妆

不过度强调脸上的某个部位，而以简单干净的妆来呈现整体的质感。

唇

以健康自然水嫩唇色为主，不特别强调唇形。

腮红

需特别强调腮红(如：粉桃色或粉紫色)来调整气色。

后记

在出版这本书之前，我和出版社的王总讨论了很久，希望能做出有别于自己上一本彩妆书的内容，后来终于决定要发挥我的所长，也就是日系的彩妆，我想做一本完整的日系彩妆教科书。

日系彩妆的选色，比较讲究透澈、明亮、干净，但同时也很流行cosplay之类的特殊造型，范围很广泛，我希望能在书中做一并的呈现。

所以，最重要的呢，就是要先决定模特儿的人选，什么样的女孩子，最能传达偏日系彩妆的感觉，那时我们沟通了很久，后来就想到，是不是能找一个本身较具有东洋味、甚至就是日本人来跟自己做配合。

所以我就直接想到近期经常合作的麻衣，她听到我要出书，就二话不说地决定来帮忙，让我非常的开心和感动。其实，前一阵子我们配合了非常多次，无论是活动、杂志、还是广告等等，彼此都培养出了一定的默契，只是时间点上，因为大家平时都很忙碌，特别是麻衣，所以她能排除万难来帮我这个忙，实在让我非常的感动。

我真的要谢谢麻衣，因为在拍摄期间，其实她的身体状况非常不理想，之前才刚刚康复，出院不久，随即接了这个工作，从试装到拍摄，我们整整熬了三天的时间，对她很不好意思。

为了因应我的需求，麻衣硬撑了下来，在外人看来她好像是个健康宝宝，在摄影棚里还要跟大家轻松地打成一片，但其实我内心很清楚，她是忍着病痛，在跟我玩一场Beauty Game！

还有，也同时要感谢另一位模特儿好友——潍恩，她的大力相挺，即使需要补拍也义不容辞地前来帮忙，更重要的是在拍摄过程中，不断给我鼓励、相信我，偶尔也在拍摄现场逗弄疲累的我，真多亏有了她和麻衣。

所以针对造型部分，我也特别、特别地谨慎与用心，我想塑造两人全新、不同以往的风格，发掘她们更多元的内在。

真的非常感谢她们，真的！

Dear~ Keiko~

图书在版编目（CIP）数据

彩妆游戏／林佳锦编著，—北京：中国农业大学出版社，2009.8

ISBN 978-7-81117-671-1

Ⅰ.彩…　Ⅱ.林…　Ⅲ.化妆-基本知识　Ⅳ.TS974.1

中国版本图书馆CIP数据核字（2009）第008168号

著作权合同登记图字：01-2008-3817

书　　名　彩妆游戏——10分钟彩妆完全搞定

作　　者　林佳锦　编著

策　　划　六睿工社·张蕊　陆强　　**责任编辑**　童　云

封面设计　东方黑马　　**责任校对**　王晓凤　陈　莹

出版发行　中国农业大学出版社

社　　址　北京市海淀区圆明园西路2号　　**邮政编码**　100193

电　　话　发行部 010－62731190,2620　　读者服务部 010－62732336

编辑部 010－62732617,2618　　出　版　部 010－62733440

网　　址　http://www.cau.edu.cn/caup　　**e－mail**　cbsszs@cau.edu.cn

经　　销　新华书店

印　　刷　涿州市星河印刷有限公司

版　　次　2009年8月第1版　　2009年8月第1次印刷

规　　格　889×1 194　24开本　6印张　130千字

定　　价　19.80元

图书如有质量问题本社发行部负责调换